Addition

1) 90 + 21
2) 86 + 58
3) 49 + 50
4) 45 + 77
5) 58 + 58
6) 24 + 53
7) 27 + 40
8) 70 + 38
9) 39 + 81
10) 39 + 11
11) 35 + 90
12) 96 + 37
13) 33 + 30
14) 69 + 68
15) 37 + 35
16) 72 + 59
17) 34 + 77
18) 26 + 86
19) 22 + 57
20) 34 + 32

Perimeter

①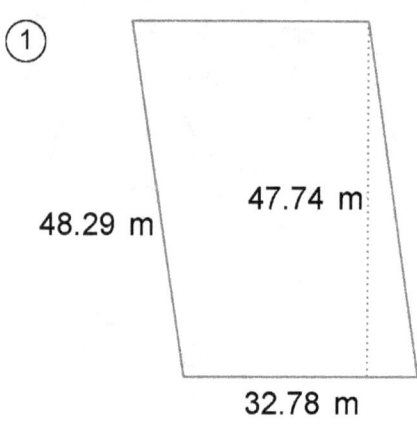
48.29 m, 47.74 m, 32.78 m

②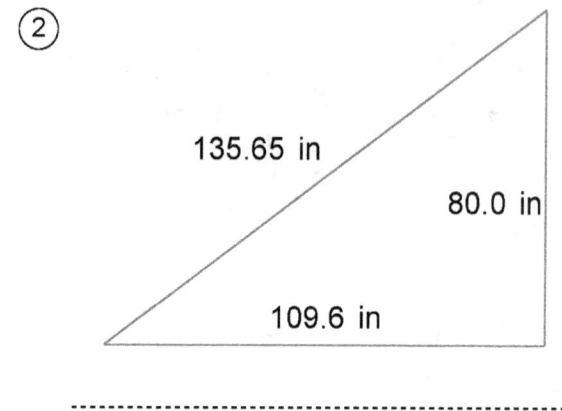
135.65 in, 80.0 in, 109.6 in

③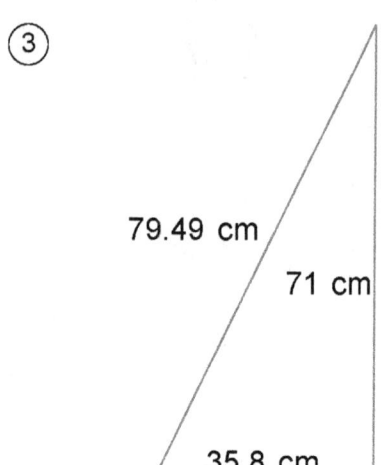
79.49 cm, 71 cm, 35.8 cm

④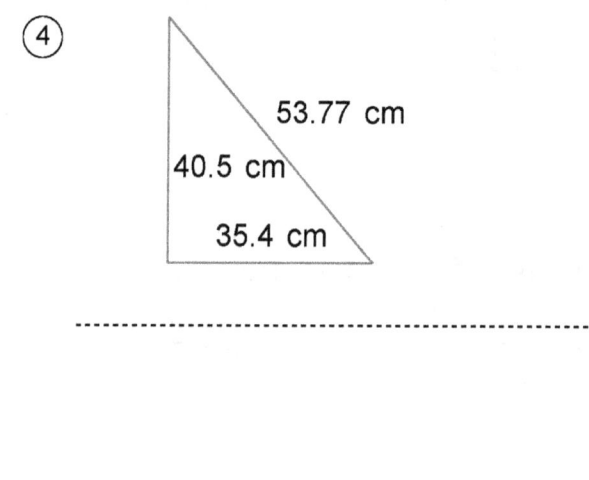
53.77 cm, 40.5 cm, 35.4 cm

Secret Trail

Use subtraction to find your way through the maze.

1)

18	2	23	17
13	6	39	15
8	96	21	99
(351)	19	97	80

− (66)

2)

41	57	98	2
49	32	77	36
44	87	90	76
(399)	86	90	17

− (85)

3)

89	1	32	51
(361)	66	48	82
55	20	89	61
75	86	12	9

− (26)

4)

39	69	96	89
69	70	46	81
(398)	19	48	38
23	10	31	83

− (68)

Secret Trail

Use subtraction to find your way through the maze.

1)

10	80	50	85
54	85	73	76
(495)	86	40	79
62	47	28	40
		−	(10)

2)

92	84	70	2
26	74	42	52
53	55	11	23
(362)	90	57	53
		−	(73)

3)

76	30	67	12
37	49	21	18
39	45	34	79
(356)	13	24	77
		−	(11)

4)

94	64	17	80
(274)	7	9	33
1	31	62	53
36	96	82	27
		−	(84)

Secret Trail

Use subtraction to find your way through the maze.

1)

75	25	78	13
15	15	99	79
16	18	60	55
(241)	47	75	77

− (15)

2)

26	94	35	48
76	33	33	53
(528)	41	92	80
77	31	38	90

− (34)

3)

65	65	91	98
34	51	81	39
(450)	50	70	71
54	57	20	67

− (4)

4)

10	72	50	73
(498)	91	45	59
81	73	8	98
38	86	23	65

− (99)

Fact Families

1.
Triangle: 119, 37, 82

☐ + ☐ = ☐
☐ + ☐ = ☐
☐ - ☐ = ☐
☐ - ☐ = ☐

2.
Triangle: 105, 52, 53

☐ + ☐ = ☐
☐ + ☐ = ☐
☐ - ☐ = ☐
☐ - ☐ = ☐

3.
Triangle: 84, 51, 33

☐ + ☐ = ☐
☐ + ☐ = ☐
☐ - ☐ = ☐
☐ - ☐ = ☐

4.
Triangle: 184, 97, 87

☐ + ☐ = ☐
☐ + ☐ = ☐
☐ - ☐ = ☐
☐ - ☐ = ☐

Secret Trail

Use subtraction to find your way through the maze.

1)

(369)	20	49	96
32	10	45	76
79	89	55	60
32	47	84	53
		−	(63)

2)

6	96	76	6
60	69	77	38
84	48	11	25
(411)	1	45	35
		−	(59)

3)

(411)	50	52	11
16	83	83	34
91	68	85	79
97	98	41	72
		−	(28)

4)

(379)	92	31	85
4	51	71	59
48	62	35	52
20	88	10	26
		−	(61)

Secret Trail

Use subtraction to find your way through the maze.

1)

1	61	42	98
58	62	70	86
95	45	60	19
(537)	30	82	58

− (77)

2)

49	60	63	94
64	50	90	93
18	14	74	76
(418)	98	42	40

− (13)

3)

88	15	64	76
43	28	21	31
(511)	31	53	51
43	86	10	61

− (82)

4)

31	97	57	37
36	11	52	5
40	49	96	10
(316)	46	18	79

− (83)

Secret Trail

Use addition to find your way through the maze.

1)

45	64	67	24
43	70	43	14
44	12	80	10
(40)	65	17	92

+ (356)

2)

39	76	85	13
70	4	59	22
42	95	41	68
(71)	92	94	10

+ (421)

3)

72	64	86	34
56	81	23	98
(33)	14	40	77
74	87	15	73

+ (593)

4)

83	2	82	88
74	60	8	2
1	74	3	46
(73)	19	86	99

+ (306)

Divide.

1.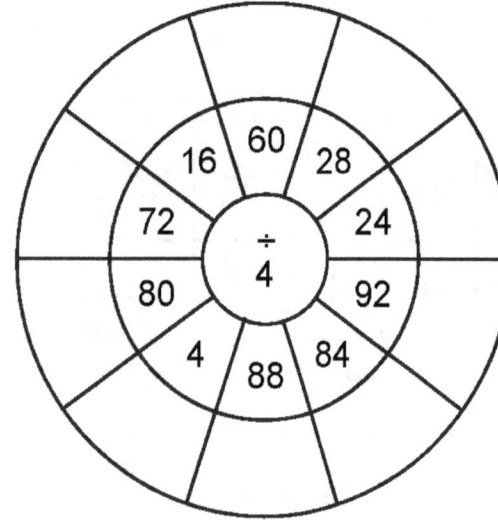

2.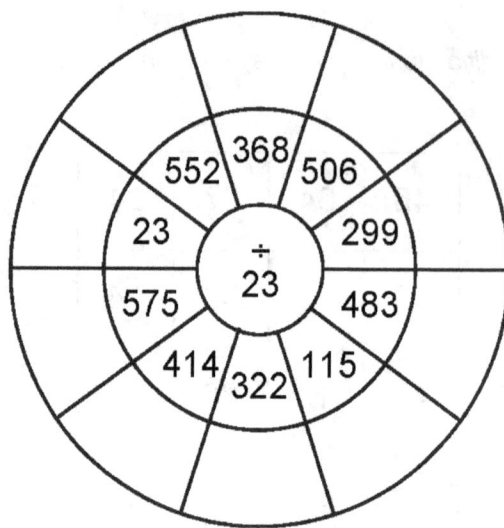

3.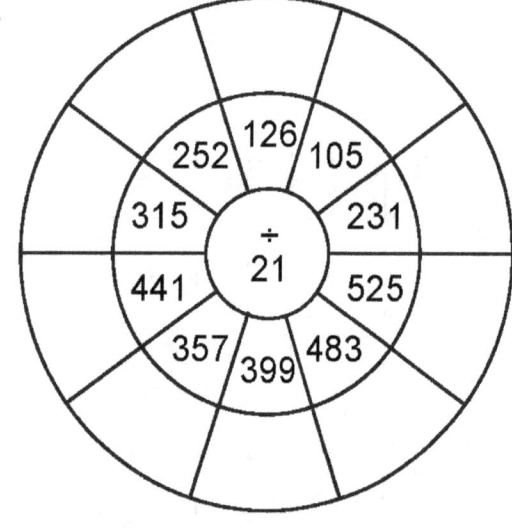

4.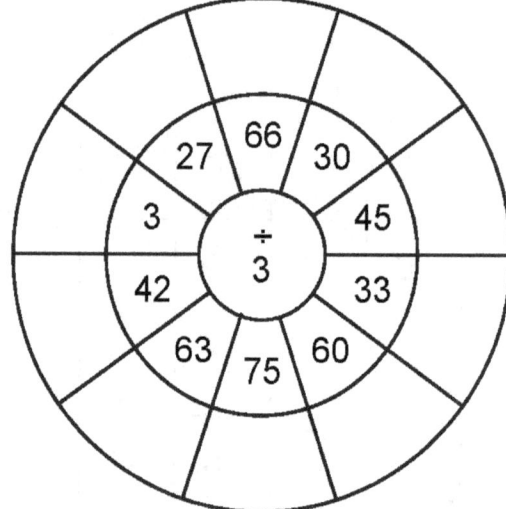

Secret Trail

Use subtraction to find your way through the maze.

1)

2	52	94	55
(422)	90	59	92
53	11	25	1
88	71	26	42
		−	(98)

2)

16	59	86	5
82	84	64	30
(379)	87	65	47
63	74	59	16
		−	(31)

3)

95	2	63	79
(299)	45	86	26
67	67	4	74
16	41	90	69
		−	(2)

4)

(469)	65	81	18
20	68	31	26
68	4	94	45
89	36	66	84
		−	(48)

Fact Families

1.
```
     /36\
    /14 22\
```
☐ + ☐ = ☐
☐ + ☐ = ☐
☐ − ☐ = ☐
☐ − ☐ = ☐

2.
```
     /59\
    /33 26\
```
☐ + ☐ = ☐
☐ + ☐ = ☐
☐ − ☐ = ☐
☐ − ☐ = ☐

3.
```
     /59\
    /42 17\
```
☐ + ☐ = ☐
☐ + ☐ = ☐
☐ − ☐ = ☐
☐ − ☐ = ☐

4.
```
     /102\
    /27 75\
```
☐ + ☐ = ☐
☐ + ☐ = ☐
☐ − ☐ = ☐
☐ − ☐ = ☐

Secret Trail

Use subtraction to find your way through the maze.

1)

98	92	90	4
(425)	75	16	63
40	35	46	11
78	13	24	12
		−	(56)

2)

8	30	59	39
(517)	87	59	65
76	43	39	29
52	84	97	42
		−	(66)

3)

98	84	38	47
27	32	95	77
16	31	40	39
(415)	2	13	41
		−	(88)

4)

38	8	64	84
32	6	31	39
79	32	77	34
(448)	50	49	68
		−	(87)

Perform the operations and solve.

1.
9	−	5	+	9	=	
−		+		−		+
5	+	14	−	3	=	
+		−		+		+
10	−	1	+	14	=	
=		=		=		=
	+		+		=	

2.
10	−	5	+	15	=	
−		+		−		+
5	+	17	−	14	=	
+		−		+		+
8	−	6	+	8	=	
=		=		=		=
	+		+		=	

3.
18	−	16	+	3	=	
−		+		−		+
16	+	13	−	1	=	
+		−		+		+
13	−	7	+	19	=	
=		=		=		=
	+		+		=	

4.
19	−	4	+	20	=	
−		+		−		+
4	+	18	−	8	=	
+		−		+		+
13	−	5	+	18	=	
=		=		=		=
	+		+		=	

Secret Trail

Use addition to find your way through the maze.

1)

61	47	11	60
21	84	48	52
31	71	67	99
98	58	91	89

+ 595

2)

66	93	98	44
36	62	53	15
10	42	63	79
89	88	59	25

+ 498

3)

30	83	95	23
16	53	16	34
74	53	36	92
13	18	68	63

+ 473

4)

38	86	37	83
25	84	57	46
11	43	85	73
42	83	9	75

+ 474

Find the secret trail.

1.

13	19	14
11	5	15
(4)	10	3

+ (33)

2.

7	6	13
(9)	15	4
11	13	13

+ (60)

3.

(16)	10	11
15	17	8
10	4	1

+ (52)

4.

(8)	1	1
13	1	7
12	17	13

+ (30)

Secret Trail

Use subtraction to find your way through the maze.

1)

(420)	48	23	51
81	80	75	11
28	46	1	90
57	32	5	79
		−	(76)

2)

53	57	73	62
20	96	62	60
80	86	27	36
(353)	62	84	77
		−	(47)

3)

(353)	54	37	14
95	32	87	62
25	40	1	14
40	62	48	37
		−	(89)

4)

65	10	58	94
56	52	60	90
2	93	49	74
(312)	84	16	14
		−	(80)

Perform the operations and solve.

1.

18	−	7	+	23	=	
−		+		−		+
7	+	9	−	3	=	
+		−		+		+
12	−	3	+	16	=	
=		=		=		=
	+		+		=	

2.

7	−	2	+	3	=	
−		+		−		+
2	+	18	−	1	=	
+		−		+		+
7	−	7	+	5	=	
=		=		=		=
	+		+		=	

3.

13	−	4	+	18	=	
−		+		−		+
4	+	13	−	5	=	
+		−		+		+
8	−	7	+	6	=	
=		=		=		=
	+		+		=	

4.

6	−	1	+	3	=	
−		+		−		+
1	+	2	−	2	=	
+		−		+		+
14	−	1	+	12	=	
=		=		=		=
	+		+		=	

Secret Trail

Use addition to find your way through the maze.

1)

86	19	10	58
98	27	4	99
(49)	50	46	64
55	12	52	57

+ (455)

2)

81	31	23	82
17	61	42	48
(27)	86	57	29
78	95	42	24

+ (442)

3)

10	9	36	45
(90)	53	80	3
77	22	70	42
30	77	91	15

+ (479)

4)

(90)	87	69	49
70	58	67	10
71	40	46	70
71	54	5	40

+ (404)

Count the Cubes

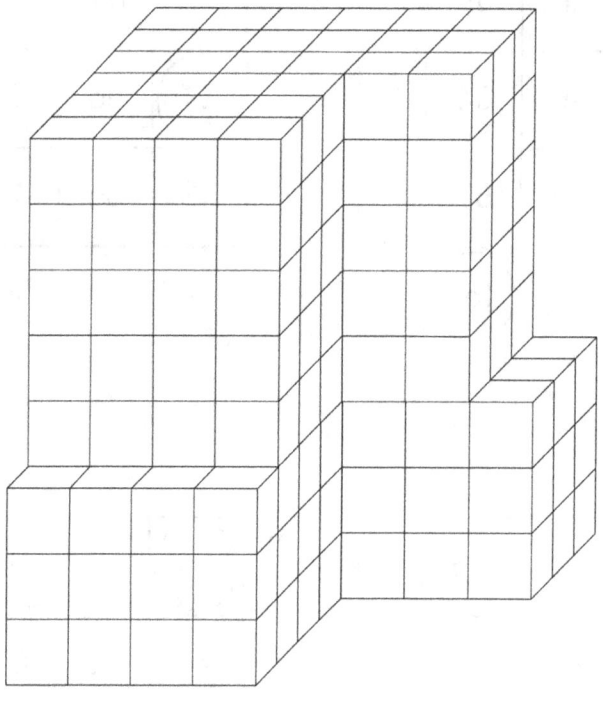

Secret Trail

Use subtraction to find your way through the maze.

1)

(438)	52	74	73
62	98	13	42
6	78	22	37
57	8	29	97
		−	(52)

2)

24	16	17	99
(393)	38	5	90
11	88	51	99
21	8	20	48
		−	(53)

3)

74	80	97	70
43	72	63	95
(672)	96	67	97
91	58	74	76
		−	(40)

4)

16	16	28	46
(413)	14	69	83
52	10	62	43
85	70	2	88
		−	(98)

Secret Trail

Use subtraction to find your way through the maze.

1)

66	96	18	43
(588)	39	86	72
28	95	33	7
42	28	72	63
		−	(89)

2)

71	50	89	74
85	12	45	20
(530)	82	53	51
10	55	88	80
		−	(33)

3)

79	6	43	72
21	33	26	74
84	23	22	53
(393)	87	23	62
		−	(35)

4)

93	36	37	80
81	84	72	23
56	57	33	22
(456)	40	44	27
		−	(18)

Fact Families

1.
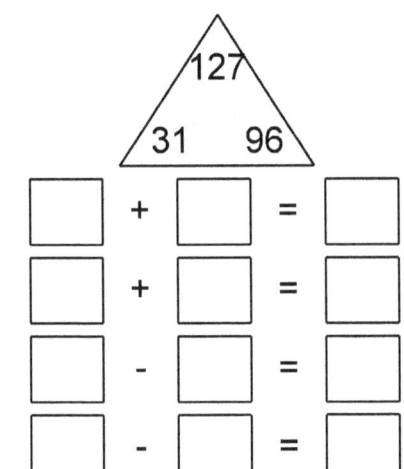

2.
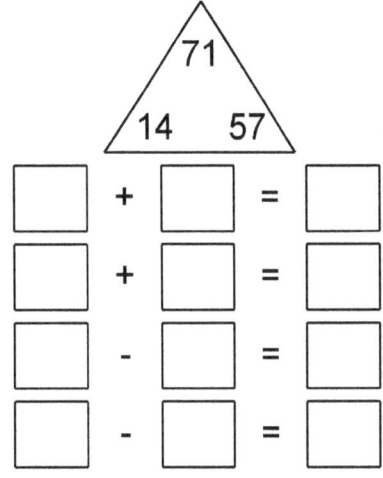

3.
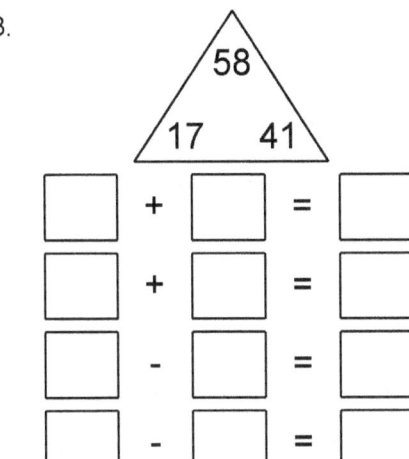

4.
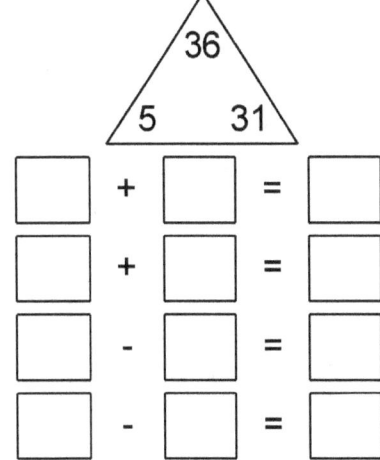

Secret Trail

Use addition to find your way through the maze.

1)

(84)	84	97	82
92	76	33	44
16	91	10	19
71	78	14	70
		+	(437)

2)

(55)	40	78	18
16	49	19	85
99	27	50	69
12	32	54	56
		+	(352)

3)

2	46	23	62
93	21	74	82
(2)	45	24	16
61	99	7	54
		+	(419)

4)

75	54	73	39
68	36	78	97
(92)	50	82	75
4	60	56	62
		+	(635)

Divide.

1.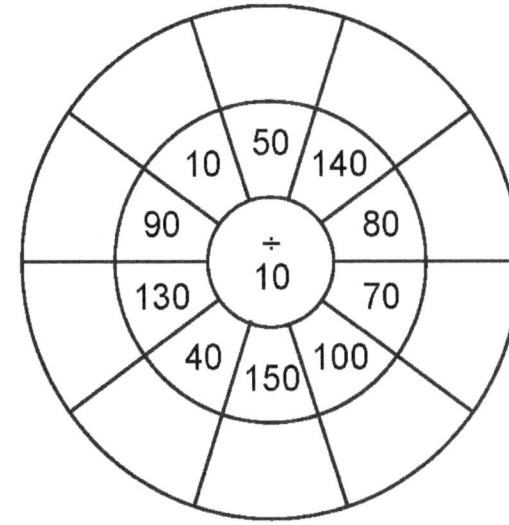

2.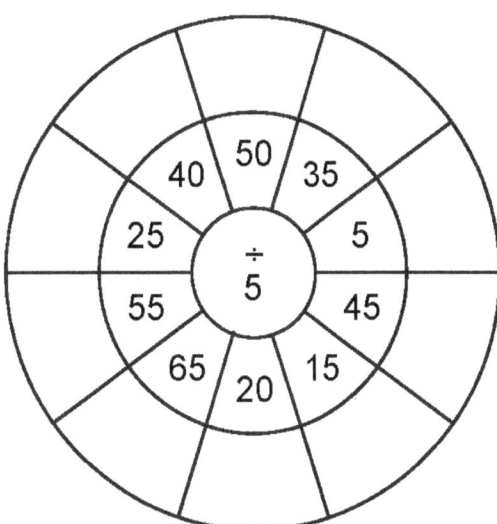

3.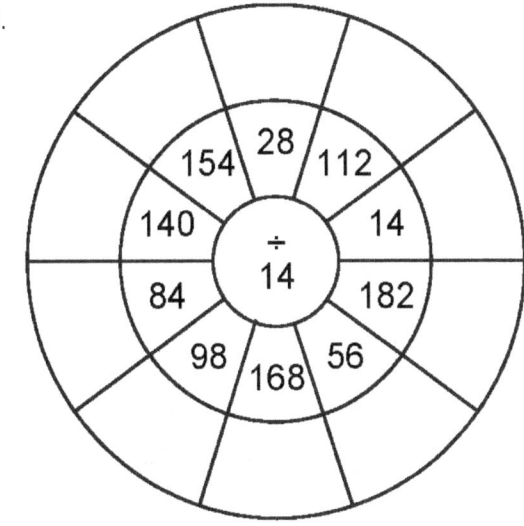

4.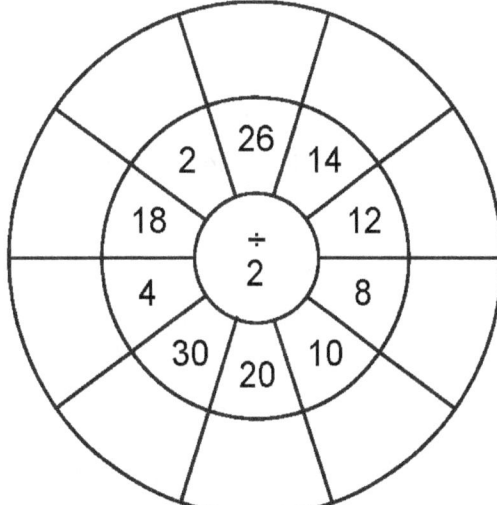

Secret Trail

Use addition to find your way through the maze.

1)

88	6	10	20
36	80	40	71
41	69	24	78
(8)	67	46	7

+ (361)

2)

(54)	49	61	62
97	66	40	93
34	68	19	69
48	16	75	88

+ (493)

3)

46	20	84	66
(70)	69	53	14
40	58	36	16
15	73	41	74

+ (343)

4)

34	79	79	15
(90)	40	69	27
3	13	22	2
92	54	49	89

+ (369)

Multiply.

1.
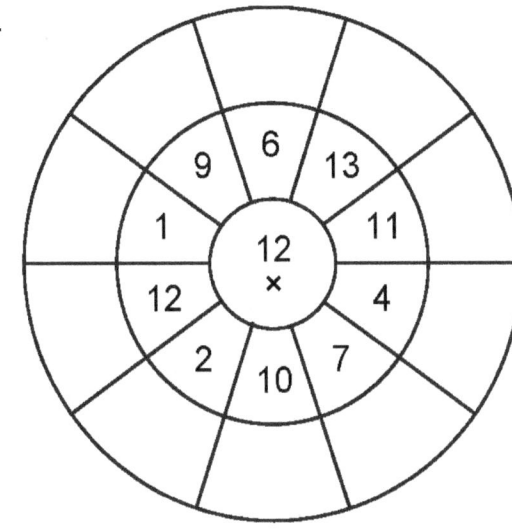

2.
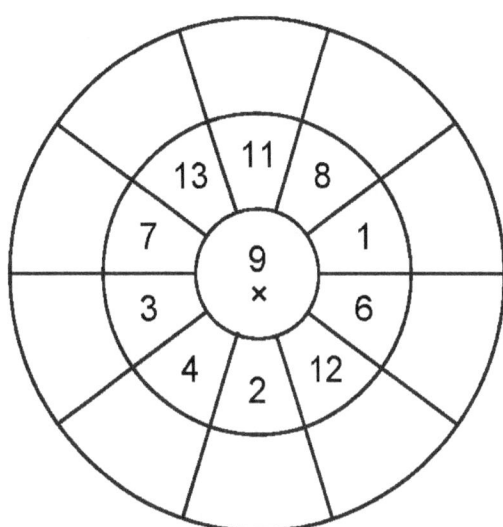

3.
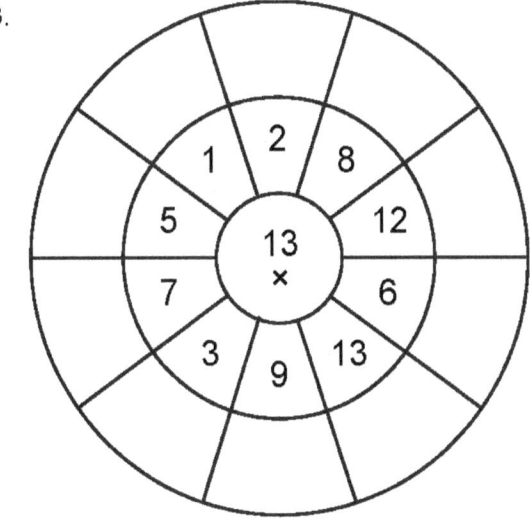

4.
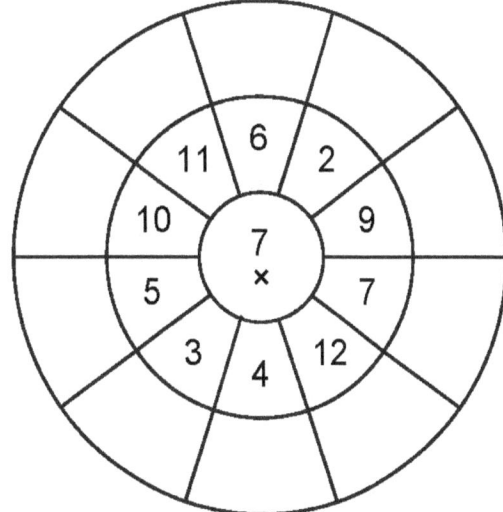

Count the Cubes

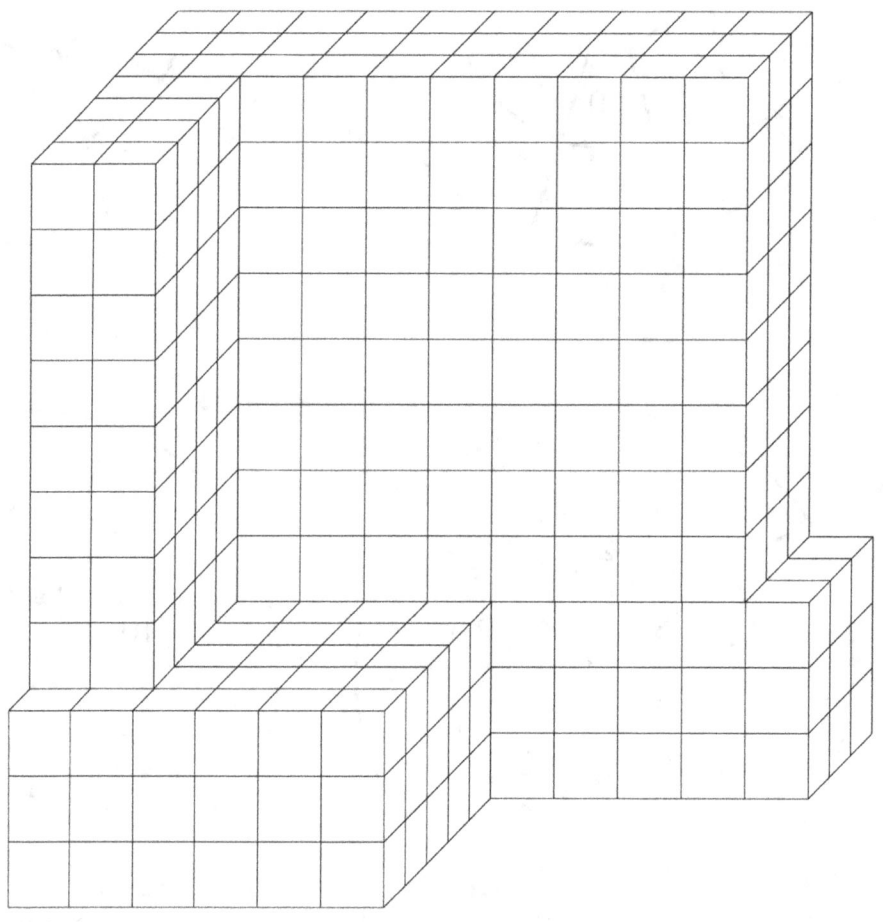

Area

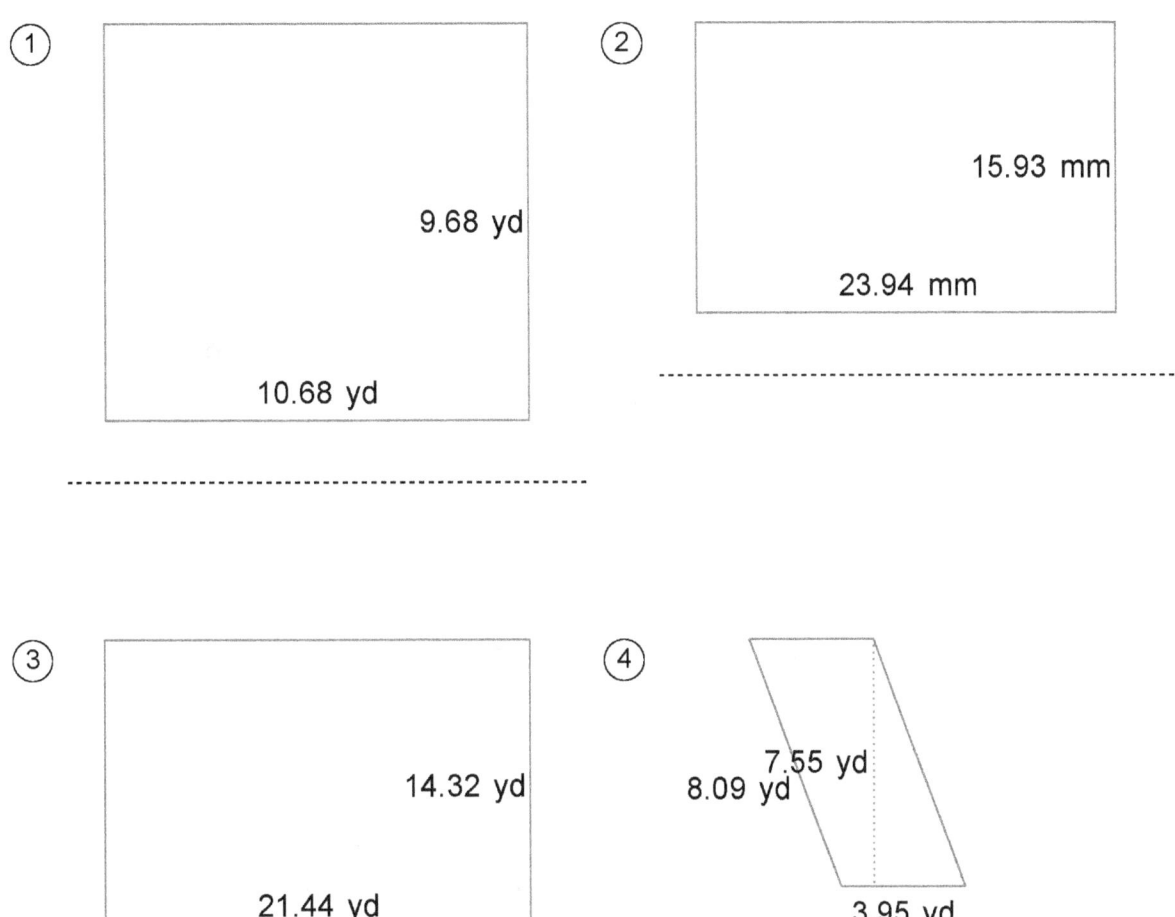

Subtraction

1) 971
  − 11

2) 66
  − 40

3) 714
  − 32

4) 682
  − 531

5) 98
  − 28

6) 425
  − 14

7) 499
  − 355

8) 987
  − 846

9) 545
  − 432

10) 966
  − 845

11) 261
  − 100

12) 567
  − 334

13) 59
  − 30

14) 461
  − 351

15) 903
  − 102

16) 392
  − 251

17) 353
  − 31

18) 854
  − 640

19) 883
  − 142

20) 790
  − 280

Divide.

1.
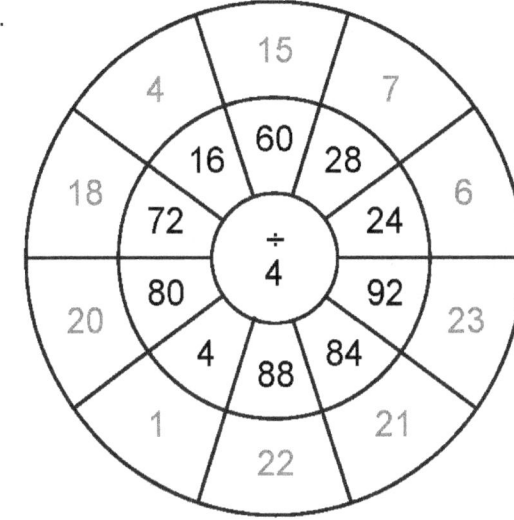

2.
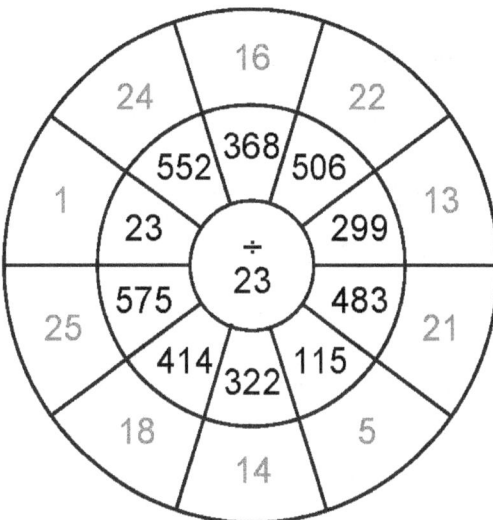

3.
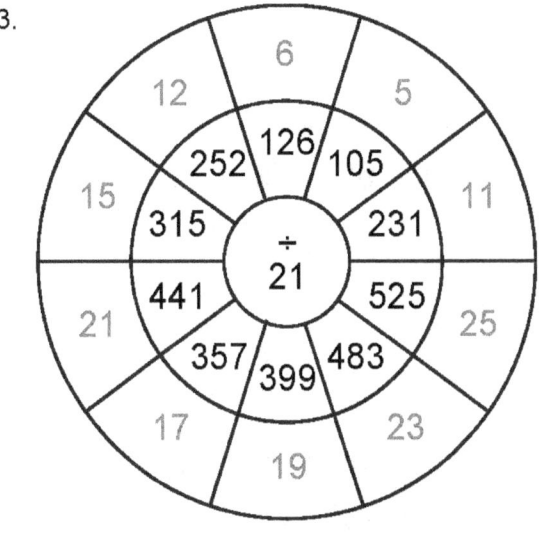

4.
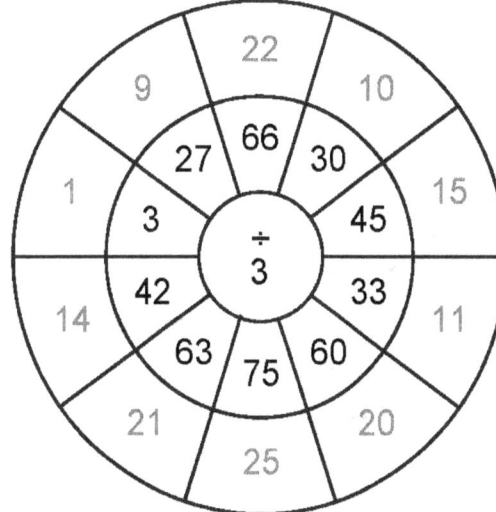

Secret Trail
Answer Sheet

Use subtraction to find your way through the maze.

1)

2	52	94	55
422	90	59	92
53	11	25	1
88	71	26	42
		−	98

2)

16	59	86	5
82	84	64	30
379	87	65	47
63	74	59	16
		−	31

3)

95	2	63	79
299	45	86	26
67	67	4	74
16	41	90	69
		−	2

4)

469	65	81	18
20	68	31	26
68	4	94	45
89	36	66	84
		−	48

Fact Families
Answer Sheet

1.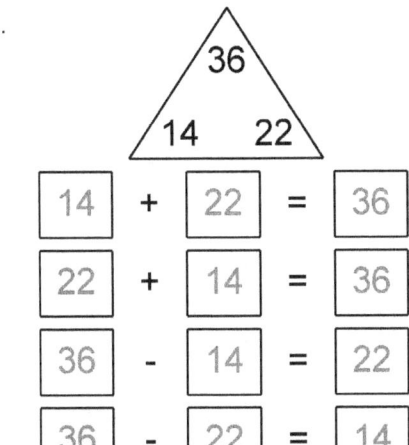

14	+	22	=	36
22	+	14	=	36
36	−	14	=	22
36	−	22	=	14

2.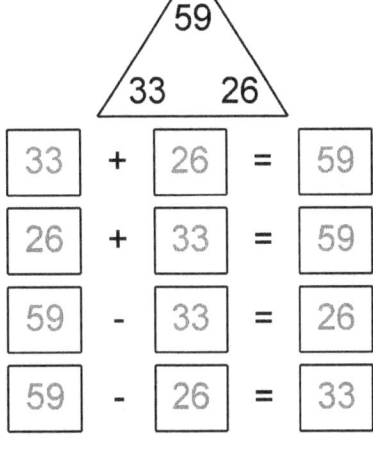

33	+	26	=	59
26	+	33	=	59
59	−	33	=	26
59	−	26	=	33

3.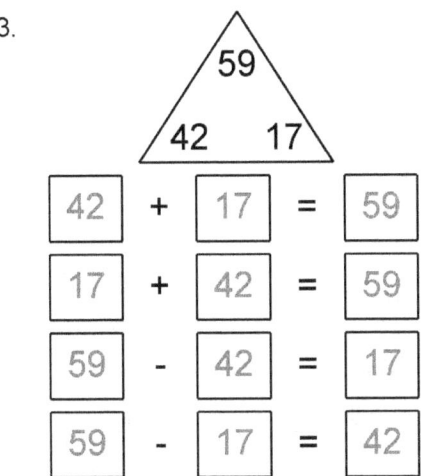

42	+	17	=	59
17	+	42	=	59
59	−	42	=	17
59	−	17	=	42

4.

27	+	75	=	102
75	+	27	=	102
102	−	27	=	75
102	−	75	=	27

Secret Trail
Answer Sheet

Use subtraction to find your way through the maze.

1)

98	92	90	4
(425)	75	16	63
40	35	46	11
78	13	24	12
		−	(56)

2)

8	30	59	39
(517)	87	59	65
76	43	39	29
52	84	97	42
		−	(66)

3)

98	84	38	47
27	32	95	77
16	31	40	39
(415)	2	13	41
		−	(88)

4)

38	8	64	84
32	6	31	39
79	32	77	34
(448)	50	49	68
		−	(87)

Perform the operations and solve.

1.

9	-	5	+	9	=	13
-		+		-		+
5	+	14	-	3	=	16
+		-		+		+
10	-	1	+	14	=	23
=		=		=		=
14	+	18	+	20	=	52

2.

10	-	5	+	15	=	20
-		+		-		+
5	+	17	-	14	=	8
+		-		+		+
8	-	6	+	8	=	10
=		=		=		=
13	+	16	+	9	=	38

3.

18	-	16	+	3	=	5
-		+		-		+
16	+	13	-	1	=	28
+		-		+		+
13	-	7	+	19	=	25
=		=		=		=
15	+	22	+	21	=	58

4.

19	-	4	+	20	=	35
-		+		-		+
4	+	18	-	8	=	14
+		-		+		+
13	-	5	+	18	=	26
=		=		=		=
28	+	17	+	30	=	75

Secret Trail
Answer Sheet

Use addition to find your way through the maze.

1)

61	47	11	60
21	84	48	52
31	71	67	99
98	58	91	89

+ 595

2)

66	93	98	44
36	62	53	15
10	42	63	79
89	88	59	25

+ 498

3)

30	83	95	23
16	53	16	34
74	53	36	92
13	18	68	63

+ 473

4)

38	86	37	83
25	84	57	46
11	43	85	73
42	83	9	75

+ 474

Find the secret trail.

1.

13	19	14
11	5	15
(4)	10	3

+ (33)

2.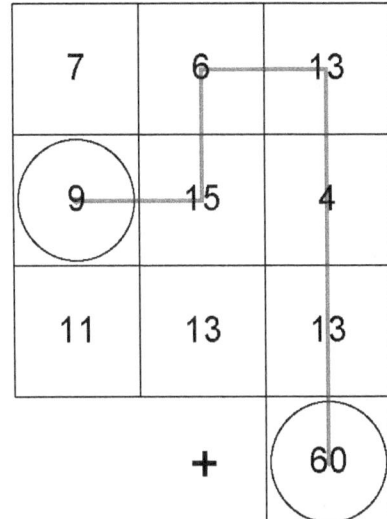

3.

(16)	10	11
15	17	8
10	4	1

+ (52)

4.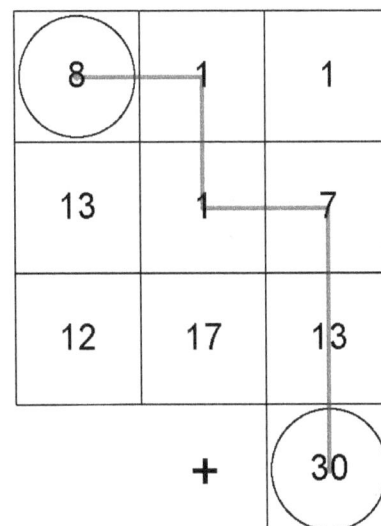

Secret Trail
Answer Sheet

Use subtraction to find your way through the maze.

1)

(420)	48	23	51
81	80	75	11
28	46	1	90
57	32	5	79
		−	(76)

2)

53	57	73	62
20	96	62	60
80	86	27	36
(353)	62	84	77
		−	(47)

3)

(353)	54	37	14
95	32	87	62
25	40	1	14
40	62	48	37
		−	(89)

4)

65	10	58	94
56	52	60	90
2	93	49	74
(312)	84	16	14
		−	(80)

Perform the operations and solve.

1.

18	−	7	+	23	=	34
−		+		−		+
7	+	9	−	3	=	13
+		−		+		+
12	−	3	+	16	=	25
=		=		=		=
23	+	13	+	36	=	72

2.

7	−	2	+	3	=	8
−		+		−		+
2	+	18	−	1	=	19
+		−		+		+
7	−	7	+	5	=	5
=		=		=		=
12	+	13	+	7	=	32

3.

13	−	4	+	18	=	27
−		+		−		+
4	+	13	−	5	=	12
+		−		+		+
8	−	7	+	6	=	7
=		=		=		=
17	+	10	+	19	=	46

4.

6	−	1	+	3	=	8
−		+		−		+
1	+	2	−	2	=	1
+		−		+		+
14	−	1	+	12	=	25
=		=		=		=
19	+	2	+	13	=	34

Secret Trail
Answer Sheet

Use addition to find your way through the maze.

1)

86	19	10	58
98	27	4	99
(49)	50	46	64
55	12	52	57

+ (455)

2)

81	31	23	82
17	61	42	48
(27)	86	57	29
78	95	42	24

+ (442)

3)

10	9	36	45
(90)	53	80	3
77	22	70	42
30	77	91	15

+ (479)

4)

(90)	87	69	49
70	58	67	10
71	40	46	70
71	54	5	40

+ (404)

Count the Cubes
ANSWER SHEET

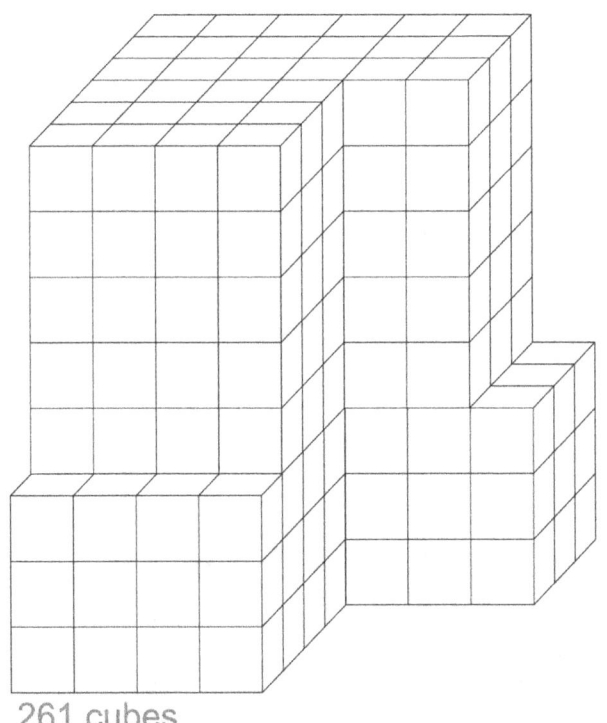

261 cubes

Secret Trail
Answer Sheet

Use subtraction to find your way through the maze.

1)

438	52	74	73
62	98	13	42
6	78	22	37
57	8	29	97

− 52

2)

24	16	17	99
393	38	5	90
11	88	51	99
21	8	20	48

− 53

3)

74	80	97	70
43	72	63	95
672	96	67	97
91	58	74	76

− 40

4)

16	16	28	46
413	14	69	83
52	10	62	43
85	70	2	88

− 98

Secret Trail
Answer Sheet

Use subtraction to find your way through the maze.

1)

66	96	18	43
(588)	39	86	72
28	95	33	7
42	28	72	63
		−	(89)

2)

71	50	89	74
85	12	45	20
(530)	82	53	51
10	55	88	80
		−	(33)

3)

79	6	43	72
21	33	26	74
84	23	22	53
(393)	87	23	62
		−	(35)

4)

93	36	37	80
81	84	72	23
56	57	33	22
(456)	40	44	27
		−	(18)

Fact Families
Answer Sheet

1.
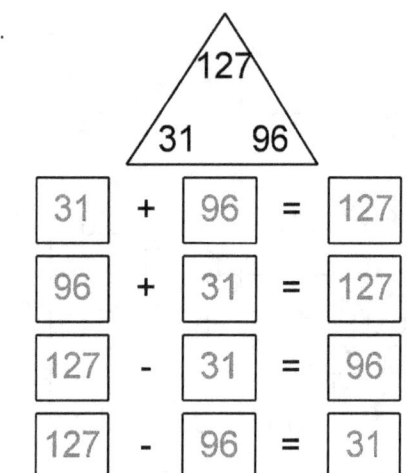

2.
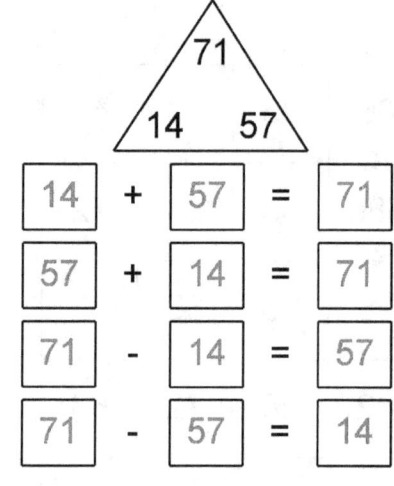

3.
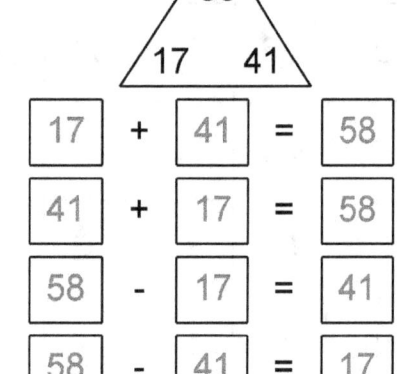

4.
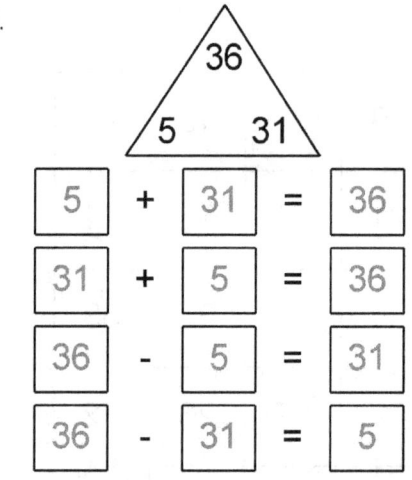

Secret Trail
Answer Sheet

Use addition to find your way through the maze.

1)

84	84	97	82
92	76	33	44
16	91	10	19
71	78	14	70

+ 437

2)

55	40	78	18
16	49	19	85
99	27	50	69
12	32	54	56

+ 352

3)

2	46	23	62
93	21	74	82
2	45	24	16
61	99	7	54

+ 419

4)

75	54	73	39
68	36	78	97
92	50	82	75
4	60	56	62

+ 635

Divide.

1.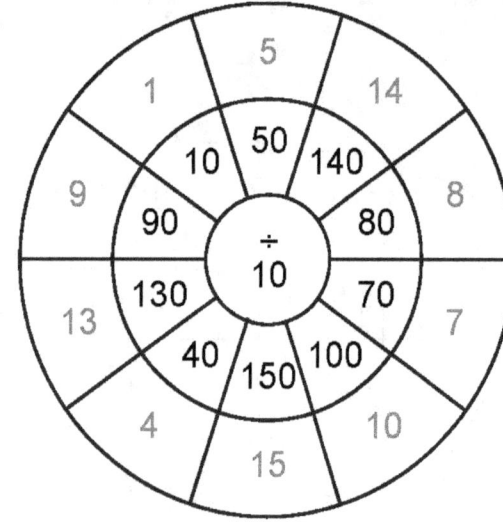

2.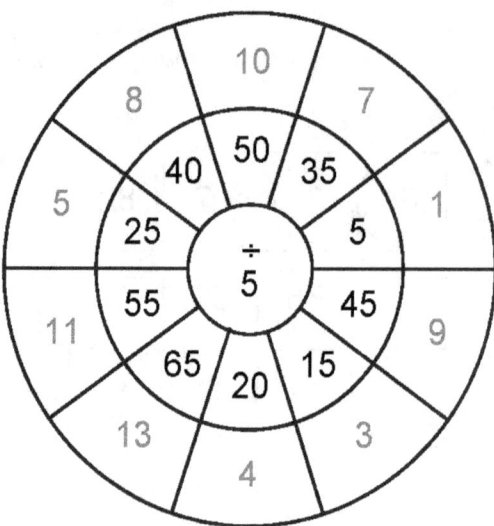

3.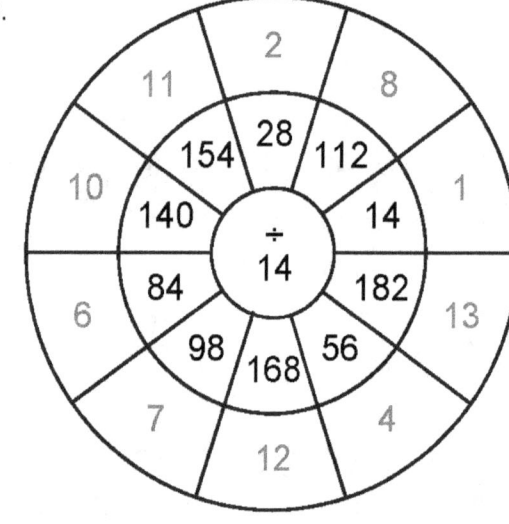

4.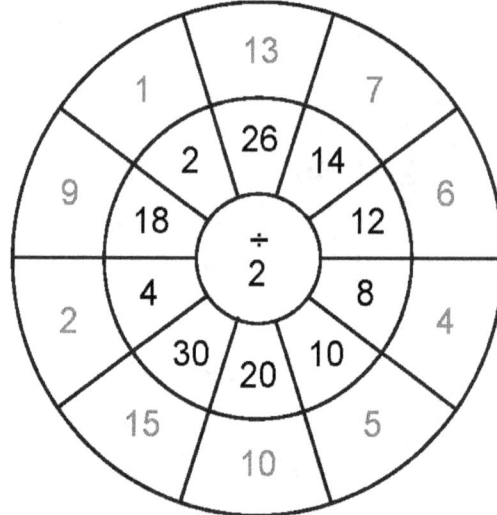

Secret Trail
Answer Sheet

Use addition to find your way through the maze.

1)

88	6	10	20
36	80	40	71
41	69	24	78
(8)	67	46	7

+ (361)

2)

(54)	49	61	62
97	66	40	93
34	68	19	69
48	16	75	88

+ (493)

3)

46	20	84	66
(70)	69	53	14
40	58	36	16
15	73	41	74

+ (343)

4)

34	79	79	15
(90)	40	69	27
3	13	22	2
92	54	49	89

+ (369)

Multiply.

1.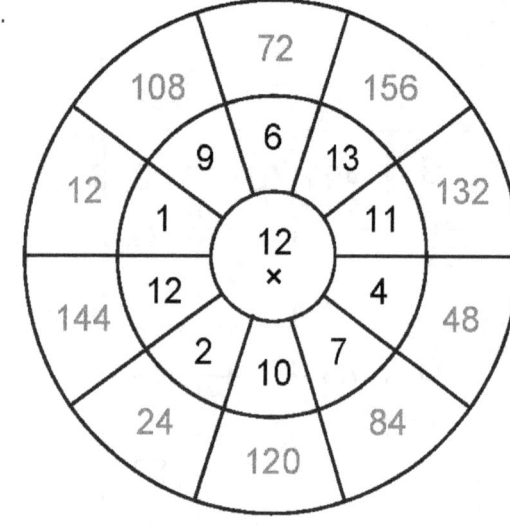

2.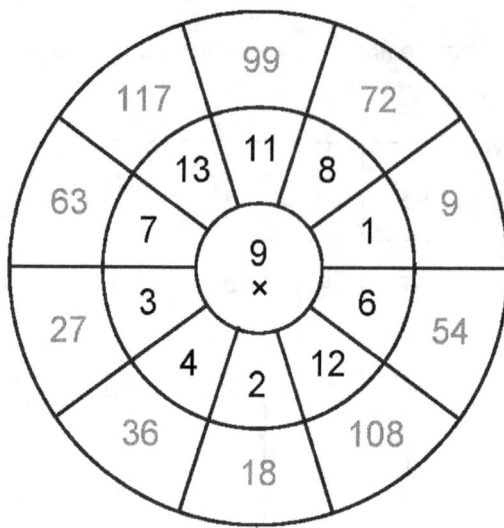

3.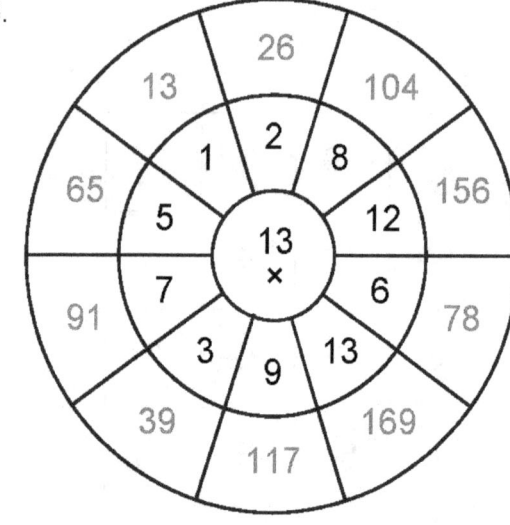

4.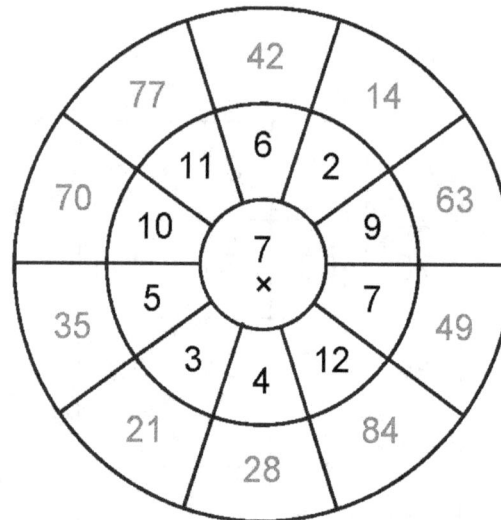

Count the Cubes
ANSWER SHEET

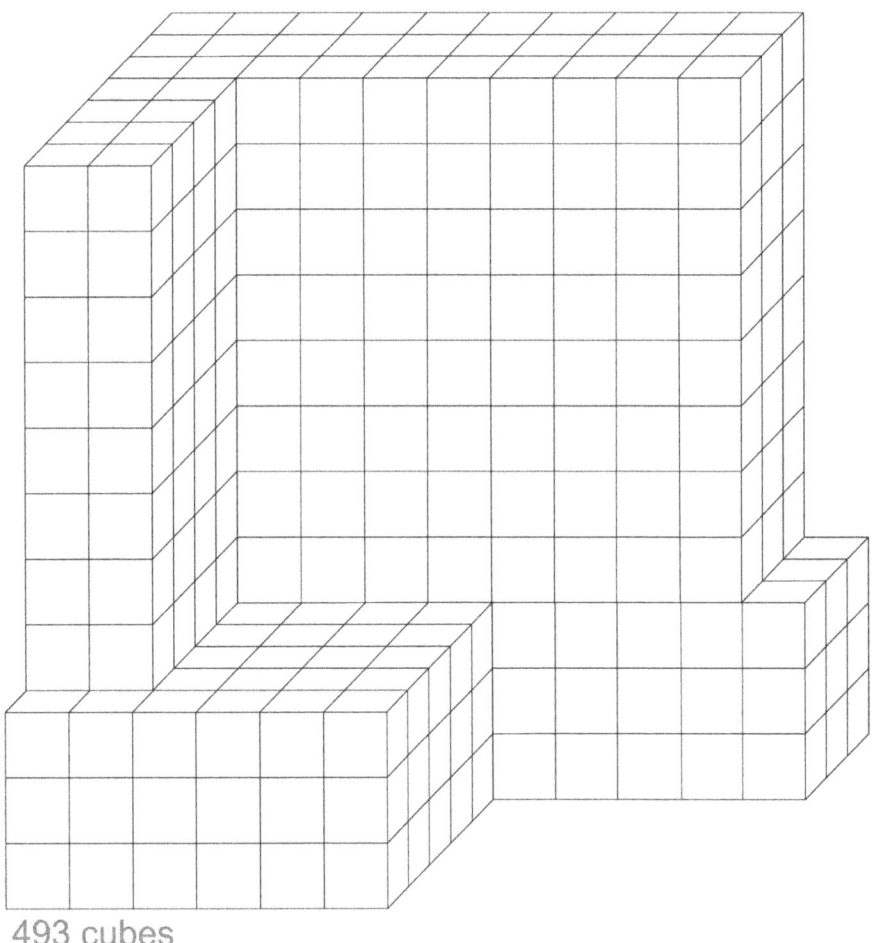

493 cubes

Area
Answer Sheet

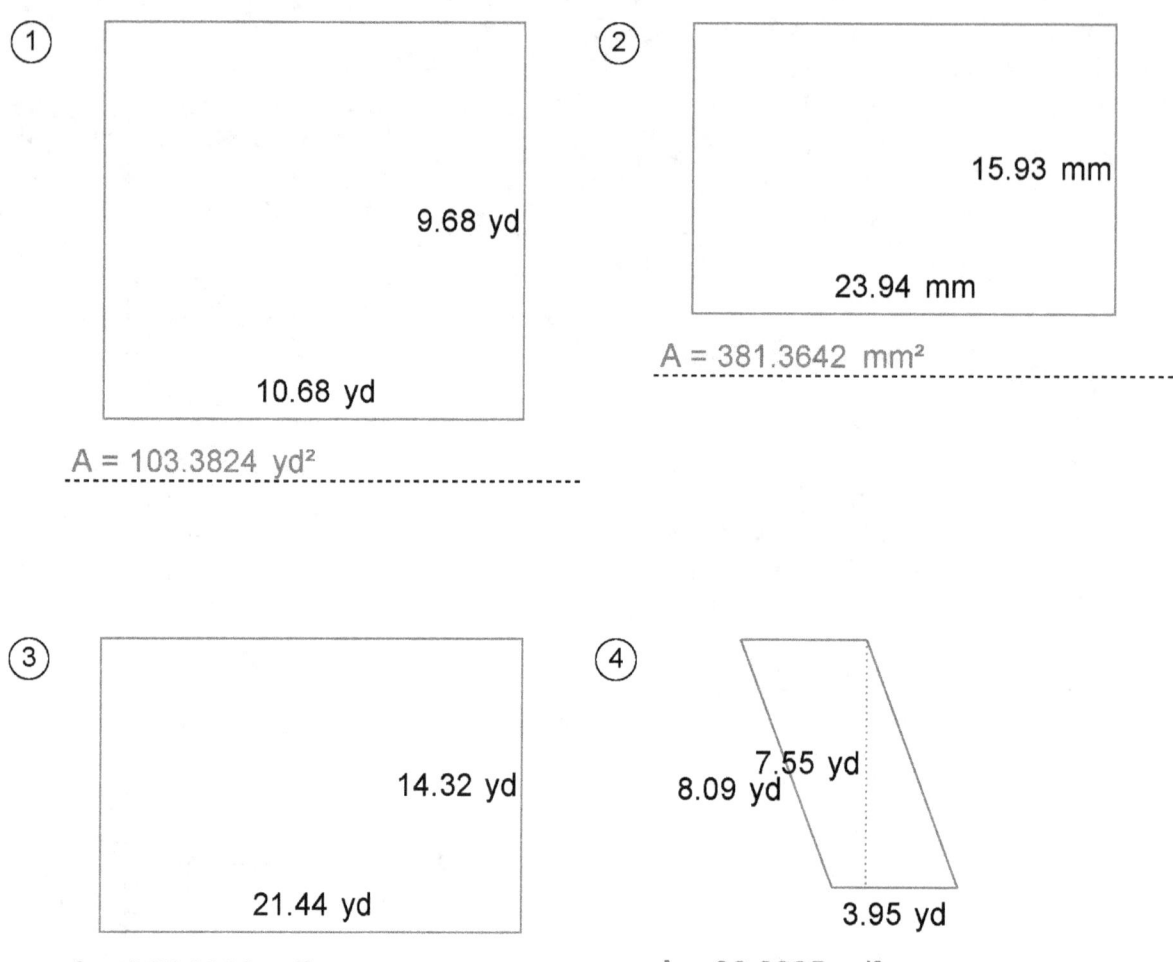

Subtraction
Answer Sheet

1) 971 − 11 = 960
2) 66 − 40 = 26
3) 714 − 32 = 682
4) 682 − 531 = 151

5) 98 − 28 = 70
6) 425 − 14 = 411
7) 499 − 355 = 144
8) 987 − 846 = 141

9) 545 − 432 = 113
10) 966 − 845 = 121
11) 261 − 100 = 161
12) 567 − 334 = 233

13) 59 − 30 = 29
14) 461 − 351 = 110
15) 903 − 102 = 801
16) 392 − 251 = 141

17) 353 − 31 = 322
18) 854 − 640 = 214
19) 883 − 142 = 741
20) 790 − 280 = 510

Addition
Answer Sheet

1)   90
 + 21
  111

2)   86
 + 58
  144

3)   49
 + 50
  99

4)   45
 + 77
  122

5)   58
 + 58
  116

6)   24
 + 53
  77

7)   27
 + 40
  67

8)   70
 + 38
  108

9)   39
 + 81
  120

10)   39
 + 11
  50

11)   35
 + 90
  125

12)   96
 + 37
  133

13)   33
 + 30
  63

14)   69
 + 68
  137

15)   37
 + 35
  72

16)   72
 + 59
  131

17)   34
 + 77
  111

18)   26
 + 86
  112

19)   22
 + 57
  79

20)   34
 + 32
  66

Perimeter
Answer Sheet

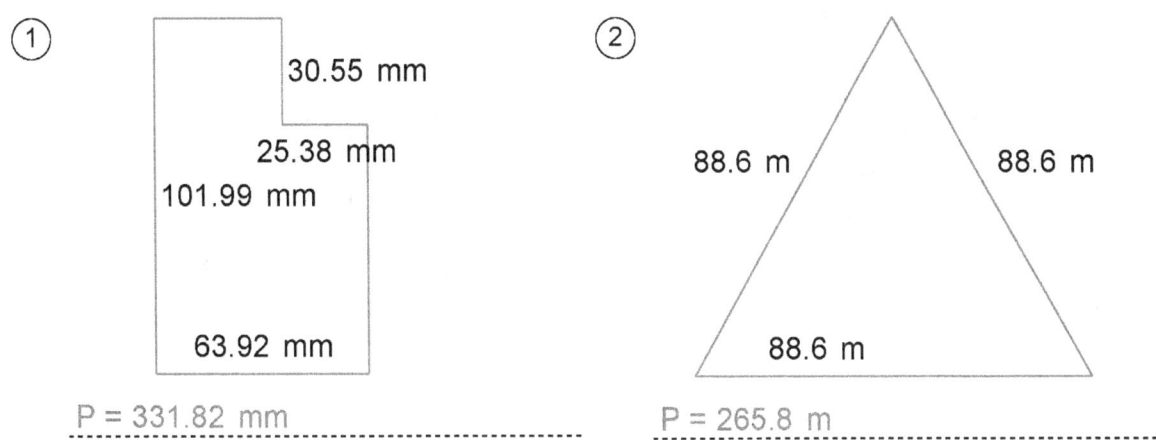

① 30.55 mm, 25.38 mm, 101.99 mm, 63.92 mm
P = 331.82 mm

② 88.6 m, 88.6 m, 88.6 m
P = 265.8 m

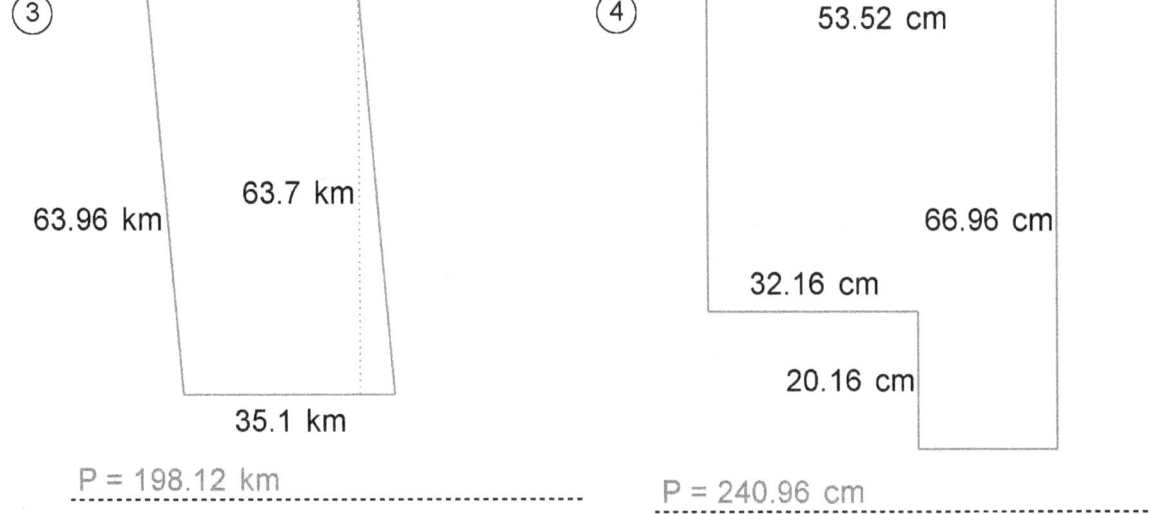

③ 63.96 km, 63.7 km, 35.1 km
P = 198.12 km

④ 53.52 cm, 66.96 cm, 32.16 cm, 20.16 cm
P = 240.96 cm

Secret Trail
Answer Sheet

Use subtraction to find your way through the maze.

1)
18	2	23	17
13	6	39	15
8	96	21	99
(351)	19	97	80
		−	(66)

2)
41	57	98	2
49	32	77	36
44	87	90	76
(399)	86	90	17
		−	(85)

3)
89	1	32	51
(361)	66	48	82
55	20	89	61
75	86	12	9
		−	(26)

4)
39	69	96	89
69	70	46	81
(398)	19	48	38
23	10	31	83
		−	(68)

Secret Trail
Answer Sheet

Use subtraction to find your way through the maze.

1)

10	80	50	85
54	85	73	76
(495)	86	40	79
62	47	28	40
		−	(10)

2)

92	84	70	2
26	74	42	52
53	55	11	23
(362)	90	57	53
		−	(73)

3)

76	30	67	12
37	49	21	18
39	45	34	79
(356)	13	24	77
		−	(11)

4)

94	64	17	80
(274)	7	9	33
1	31	62	53
36	96	82	27
		−	(84)

Secret Trail
Answer Sheet

Use subtraction to find your way through the maze.

1)

75	25	78	13
15	15	99	79
16	18	60	55
241	47	75	77

− 15

2)

26	94	35	48
76	33	33	53
528	41	92	80
77	31	38	90

− 34

3)

65	65	91	98
34	51	81	39
450	50	70	71
54	57	20	67

− 4

4)

10	72	50	73
498	91	45	59
81	73	8	98
38	86	23	65

− 99

Fact Families
Answer Sheet

1.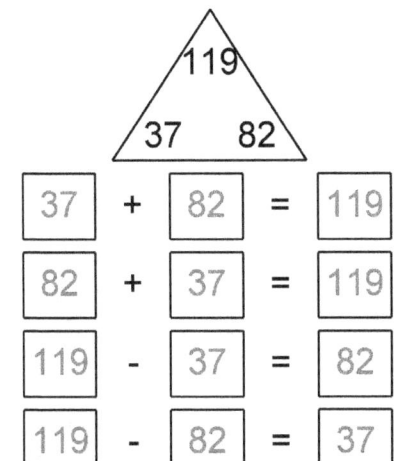

2.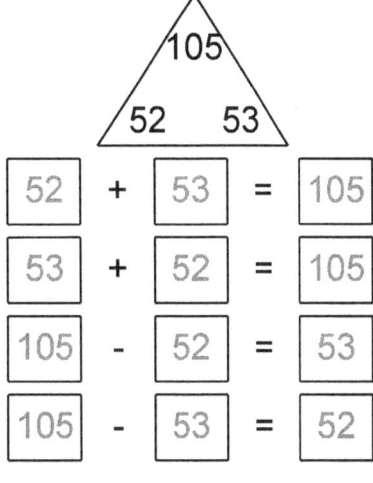

3.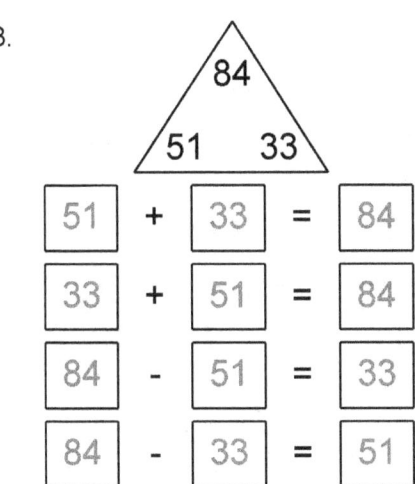

4.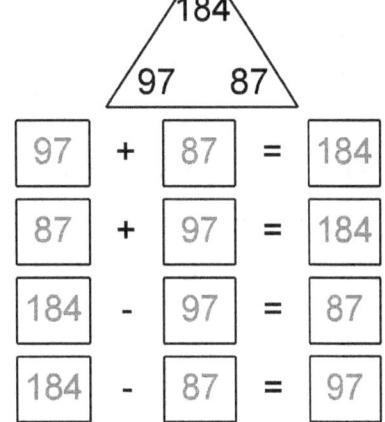

Secret Trail
Answer Sheet

Use subtraction to find your way through the maze.

1)

369	20	49	96
32	10	45	76
79	89	55	60
32	47	84	53
		−	63

2)

6	96	76	6
60	69	77	38
84	48	11	25
411	1	45	35
		−	59

3)

411	50	52	11
16	83	83	34
91	68	85	79
97	98	41	72
		−	28

4)

379	92	31	85
4	51	71	59
48	62	35	52
20	88	10	26
		−	61

Secret Trail
Answer Sheet

Use subtraction to find your way through the maze.

1)

1	61	42	98
58	62	70	86
95	45	60	19
(537)	30	82	58
		−	(77)

2)

49	60	63	94
64	50	90	93
18	14	74	76
(418)	98	42	40
		−	(13)

3)

88	15	64	76
43	28	21	31
(511)	31	53	51
43	86	10	61
		−	(82)

4)

31	97	57	37
36	11	52	5
40	49	96	10
(316)	46	18	79
		−	(83)

Secret Trail
Answer Sheet

Use addition to find your way through the maze.

1)

45	64	67	24
43	70	43	14
44	12	80	10
(40)	65	17	92

+ (356)

2)

39	76	85	13
70	4	59	22
42	95	41	68
(71)	92	94	10

+ (421)

3)

72	64	86	34
56	81	23	98
(33)	14	40	77
74	87	15	73

+ (593)

4)

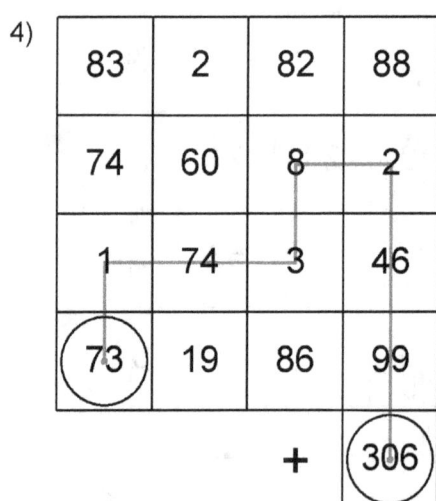

I HOPE THAT THE BOOK ATTAINS YOUR ADMIRATION. WAITING FOR YOUR OPINIONS AND COMMENTS TO DEVELOP THE NEXT BOOKS TO GAIN YOUR ADMIRATION AND SATISFACTION. THANK YOU FOR YOUR COOPERATION WITH US.

www.ingramcontent.com/pod-product-compliance
Lightning Source LLC
Chambersburg PA
CBHW060441220526
45465CB00008B/3233